真是令人大开眼界呀！

09 叉子

［法］安娜－贝内迪克特·施维贝尔 编　唐天红 译

中信出版集团 | 北京

图书在版编目（CIP）数据

真是令人大开眼界呀！.09，叉子 /（法）安娜 - 贝内迪克特·施维贝尔编；唐天红译．-- 北京：中信出版社，2023.11
ISBN 978-7-5217-5850-4

Ⅰ．①真… Ⅱ．①安… ②唐… Ⅲ．①科学知识 - 儿童读物②餐具 - 儿童读物 Ⅳ．① Z228.1 ② TS972.23-49

中国国家版本馆 CIP 数据核字（2023）第 120248 号

真是令人大开眼界呀！ 09 叉子

编　　者：［法］安娜 - 贝内迪克特·施维贝尔
译　　者：唐天红
出版发行：中信出版集团股份有限公司
（北京市朝阳区东三环北路27号嘉铭中心　邮编　100020）
承 印 者：北京尚唐印刷包装有限公司

开　　本：889mm × 1194mm　1/16　　印　张：3　　字　数：79千字
版　　次：2023年11月第1版　　印　次：2023年11月第1次印刷
京权图字：01-2023-1613
书　　号：ISBN 978-7-5217-5850-4
定　　价：398.00元（全20册）

出　　品：中信儿童书店
图书策划：小飞马童书
总 策 划：赵媛媛
策划编辑：张婷
责任编辑：许美琳
营　　销：中信童书营销中心
美术设计：谢佳静
内文排版：王莹

服务热线：400-600-8099
投稿邮箱：author@citicpub.com

目 录

第一部分 故事篇 / 2

第二部分 游戏篇 / 18

第三部分 五花八门 / 36

我是乔治，我出现在书中的各处，准备和你一起阅读。

贪吃的叉子

著者：
阿德里安娜·巴尔曼

大家好！
弗朗兹来自巧克力之国——瑞士。
不错！瑞士也是布谷鸟挂钟的国度！
您是一个钟爱美食的人吗？
我一整天都在吃东西！在我们国家，天气冷的时候，一定要好好吃东西才行！
我喜欢：
火锅
瑞士格鲁耶尔双皮奶烤蛋
核桃饼
烤肉

1 木斯里是发源于瑞士的一种流行营养食品，主要由未煮的麦片、水果和坚果等制成。

牧羊女向医生吹嘘说，吃了这种大杂烩食物可以使人
保持生命力，强身健体。波奇医生受到了很大的启发。
SANATORIUM
他跑去疗养院，认真研究菜谱，就这样木斯里诞生了。医生
把木斯里拿给病人食用，病人吃了后觉得身体好多了。
真是太有趣了。我看有人陪您一起来的，是吗？
是的，他们是我亲爱的店员！我给您介绍一下，他们分别是纪尧姆·泰尔、艾迪和海尔。

我们需要……
嗯，我们具体需要怎么做呢？
四个人的话，我们需要先准备下面的食材：
12 勺水
4 勺燕麦
4 勺柠檬汁
4 勺炼乳
（或者牛奶）
炼乳
牛奶
8 个苹果
4 勺榛子
或杏仁末

瑞士人做事真精细啊！
嗯……那么……第一步，将燕麦放入装满水的碗中。盖上盖子，然后静置一晚。

第二天，把柠
檬榨成汁。
将苹果擦成末
（不用去皮）。

将各种食材搅拌在一起……
柠檬
苹果末
炼乳
榛子或杏仁末
我在做美食的时候，时常会调整一下做法……
加入水果（最好是应季的水果）……
加入原味酸奶（或者果味酸奶）。

好了……
大功告成了！
祝你有个好胃口！

谢谢您和我们分享了这道美食的做法！
祝你们回瑞士的旅途一路顺风……
啊，不！我们要趁着来到巴黎的机会，去品尝一下你们国家的特色美食——著名的布鲁耶尔洋梨塔……

与克考克涅莱的访谈

文本与绘图：阿德里安娜·贝尔曼

乔治见到了弗朗兹·克雷顿·米勒，他的外号是“克考克涅莱”。他在《贪吃的叉子》节目中介绍了一道美食的做法，之后这个钟爱美食的人就去环游世界了，他想发现新的美味！

弗朗兹，您好。在您离开电视台之后，都发生了什么事情呢？

弗朗兹 发生了很多让人难以置信的事情！我和我的店员们去了面包店，想尝一尝闻名的布鲁耶尔洋梨塔（一种糕点），但是我们在地铁上坐过了站，等我们出去的时候，已经到了机场……而几个小时之后，我们到了日本！我们在那儿尝到了著名的神户牛肉，真是美味啊！艾迪决定待在那个美丽的国家，而我和海尔，还有纪尧姆，我们三个人决定去摩洛哥。我们在那里尝到了巴司蒂亚鸽子馅饼，这种馅饼融合了甜、咸两种口味，真是好吃得不得了！

然后，你们就回去了吗？

弗朗兹 没有。因为摩洛哥的天气太热了，所以我们就离开了，去了拉普兰德，我们在那里一边品尝着鲑鱼，一边欣赏着北极光，景色真是美极了！海尔继续环游世界，有时候我会收到她的明信片。我和纪尧姆回到了瑞士，因为他的儿子还等着他摘苹果呢。我回到了我温暖的小木屋，因为我很想念我的布谷鸟，而且我也想过一阵平静的日子。您看，我已经不是个年轻人了！

冒昧地问一下，您的外号“克考克涅莱”是怎么来的呢？

弗朗兹 这是三年前的事了，我在阿彭策尔传统节日上遇到了艾尔卡。毋庸置疑，她是瑞士最漂亮的姑娘！我本想请她跳个舞，可我开始脸红，手心也出汗，心脏怦怦乱跳，我磕磕巴巴地说了点什么……然后就晕过去了。等我醒过来的时候，艾尔卡问我：“你还好吗，克考克涅莱？”在她那个村子里，“克考克涅莱”是“可爱的人”的意思。我又晕了过去。从那天起，大家就开始叫我克考克涅莱了（他脸又红了）。

您为什么会对美食如此热衷呢？

弗朗兹 这是从我父母那里继承来的！我的妈妈特别会做饭。我小的时候，她总是会给我做很多好吃的菜肴，每次都让我垂涎欲滴！比如说她做的提拉米苏，简直就是一个奇迹。我的父亲是一个资深食客。早餐的时候，他就开始想午餐吃什么了。而午餐的时候，他会问我妈妈晚餐准备了什么好吃的。

出于好奇，我和一些读者都想知道一件事情——那个节目主持人在拍摄电视节目时都很友善、随和，他下了节目也是这样的吗？

弗朗兹 说真的，下了节目的他是什么样子我不太了解……拍摄的时候他特别忙：为牙齿漂白、给头发打蜡、选择服装……下了节目，他就匆忙出发去赴约了，是很重要的约会……

和
沙滩上的叉子

文本与绘图：玛丽·诺维昂

一把叉子?
哎呀，叉子在这里一点用处都没有啊！在海滩上，我们吃的是肉酱三明治！
这叉子可能属于某个身份不一般的人……
比如，一个公主！
这个洞特别深，可能已经存在好多年了！
至少1000年了！
它当时可能是在一艘沉船上面！
海难发生的时候，公主将叉子弄丢了。
上面好像刻着字……
肯定是公主的名字！
或者是某个被海水吞没的古国的名字。
是以“M”开头的。
然后是A，
然后是D、E……?
这肯定是考古界的大谜题！
别提什么考古了……这上面写的是“MADE IN FRANCE”。
过了一会儿……
那也是某个人将叉子带到海滩上来的，依然是个谜题！
嗯，你还真是执着！
完

安托南·卡莱姆

文本：樊尚·雅多　绘图：塞维里·米耶

他使泡芙现代化，发明了闪电泡芙、多层糕点，甚至还发明了厨师戴的帽子。他的名字算不上家喻户晓，但是他却是法国最著名的主厨和糕点师之一——安托南·卡莱姆。乔治在本篇中为大家介绍有“厨师之王和国王的厨师”之称的安托南·卡莱姆。

超乎寻常的命运

就像拇指姑娘一样，玛丽·安托南（他的真名）出生在一个非常贫穷的家庭。他8岁的时候，正值法国大革命，他的父亲将他遗弃在了一个路障前。但是安托南很聪明，在流浪了几天之后，他在一个小饭馆找到了一份帮厨的工作，因此他有了住处，也不用担心挨饿。他的新生活就这样开始了。

安托南很有才华，又很有好奇心，很快就得到了他人的关注。13岁的时候，他开始跟随让·巴伊做学徒，让·巴伊是当时巴黎皇家宫殿时尚街区最著名的糕点师之一。安托南很用功，每天晚上都会将白天学到的，或是创作出来的技巧记下来。他的天分与认真的态度给他的老师留下了深刻的印象，他也因此被允许进入国家图书馆去学习他喜欢的建筑学。

17岁的时候，安托南被任命为“第一面点师”（专门负责果塔和糕点的面食部分）。然后，他完成了一个令他声名鹊起的项目：他将糕点做成了埃及金字塔和希腊神庙模型的样子。选用的食材都很棒，有糖、杏仁酱和牛轧糖等。这些糕点中有一些更是可以高达几米！几乎整个巴黎都在抢购他的糕点。

厨房明星

一个名叫塔莱朗的外交部长很快就注意到了这个有才华的年轻厨师，并向他提出了一个挑战：设计出一整年的菜单，不许重复，而且只能使用应季的食材。安托南成功通过了这个测试，因而受雇为当时最高贵的亲王和政治家们烹饪美食。他成了美食界的明星，在此之后甚至为英国皇室做过菜，为俄国沙皇配过菜。

安托南创造了精致的食物、口味较淡的调料，发明了很多种菜肴和甜品，其中就包括闪电泡芙，当时被叫作“伯爵夫人面包”，以及法式酥盒小糕点。他明确了厨房里的规则，详细描述了完美的操作与烹饪时间，这些后来成了当代美食的基础。厨师帽也是他发明的，这种帽子取代了当时厨师戴的棉线帽。

可能是在烹饪时受到了使用的木炭所散发出的毒气的影响，安托南得了很严重的病，他请自己的女儿来帮助他完成自己没有完成的伟大计划——5本《法兰西美食艺术》百科全书：书中囊括了28种鸡蛋饼的烹饪方法，4个烹饪肉肠的菜单，以及图卢兹炖鸡冠、鸡胗，鳐鱼黄油……他发明的将樱桃放在糖做成的建筑模型上这个创意，使这位百科全书式的美食艺术家在当今仍然受到优秀厨师们的敬仰。

■ 游戏1 ■

我的冰箱、我的勺子柜

绘图：马修斯·马兰格雷

西蒙娜和乔治喜欢偶尔做点菜，他们俩把厨房里所有的餐具几乎都搬了出来。

A. 西蒙娜养了一只猫，名字叫莎莎，它想要到自己的饭盒那里，但是现在屋里乱糟糟的，它都不知道该如何走了！请帮它选择正确的路线。

B. 上图中，有3个物品不属于在厨房中使用的器皿，将它们找出来。

C. 下页列出的是厨房用具的名称，在上图中找到与它们相匹配的图片，将序号写在名称的后面。

名称

天平：

搅拌器：

电水壶：

核桃夹：

平底锅：

小漏斗：

瓜果蔬菜挖球器：

削皮器：

饼干模具：

漏斗：

蔬菜脱水器：

打蛋器：

长柄叉：

磨刀棍：

长柄大汤勺：

蔬菜削片器：

胡椒研磨器：

开罐器：

漏锅：

杵臼：

裱花袋：

蒸锅：

橘类榨汁机：

擦丝器：

自动料理机：

擀面杖：

烘烤轮刀：

沙漏：

刮刀：

塔吉锅：

量杯：

■ 游戏2 ■

胡萝卜煮好了

绘图：夏洛特·莫拉

下页图片展示的是乔治收到的一个电压力锅的广告传单。这种电压力锅可以快速烹饪食物。

A.乔治想烹饪几种蔬菜，但是他20分钟之后要出门。那么20分钟之内他可以烹饪什么呢？算一算烹饪的时间，然后选出合适的烹饪方案。

1. 菜花 + 西蓝花 + 另一个菜花 =
2. 土豆 + 洋百合 =
3. 胡萝卜 + 南瓜 + 芦笋 =
4. 洋百合 + 西蓝花 =

水果和蔬菜都有季节性：它们不是全年都可以生长的。1月份的时候，即使你特别想吃西葫芦，那也最好耐心等待几个月。

B.乔治在想尊重食物季节性的原因是什么。帮帮他，在下面给出的选项中选出正确的答案：

a. 蔬菜在运输过程中会变质，因此最好避免长途运输蔬菜。

b. 蔬菜和水果运输的距离越远，因运输而对地球造成的污染就越严重。

c. 从很远的地方运过来的水果和蔬菜可能会“水土不服”。

d. 应季的水果和蔬菜能更好地满足我们的需求，比如：像香瓜这种夏季的水果，它在夏季成熟时含有的水分要比在冬季成熟时含有的水分多。

e. 应季的水果和蔬菜味道更好。应季的果蔬是在阳光照射下长大的，而不是在运输途中成熟的。

C.在下面给出的这些动词中，找出四个不属于烹饪方法的动词。

水煮	煮沸	溢出	慢火炖	放宽	炸	文火煨
烤成黄色	煎	炒	摇晃	油焖	烤	浸泡

1680年，一个法国发明家发明了压力烹饪法。他发明的机器（高压锅的祖先）可以用来炖肉，同时可以让骨头在很短的时间内变软（只是在高温150摄氏度的时候，食物就会失去本来的味道，维生素也会流失，同时颜色也不再鲜艳）。

D.你知道这个发明家的名字吗？

叽叽！
高压锅
西蓝花
4分钟
南瓜
10分钟
菜花
5分钟
芦笋
4分钟
洋百合
12到15分钟
土豆
10分钟
胡萝卜
6分钟
幸福烹饪！

■ 游戏3 ■

开饭了！

绘图：斯特凡尼 · 拉纳

齐治正在品尝面食，西蒙娜的晚餐是什么呢？发挥你的想象力，为她设想一顿晚餐，画在餐盘中吧！

游戏4

叮！手工时间到了！

设计者：让-大卫 · 曼斯鲁

小朋友们，

一起来动手玩一玩吧！

开始制作盐罐吧!

所需材料：一把剪子、一管胶水。

1. 将盐罐的纸模剪下来。

2. 将黄颜色的8个三角形剪掉。

3. 沿着4条粉红色的线剪开。

4. 沿着黑色的虚线将盐罐的4个面，以及4个“小窗”（有乔治头像的那一部位和3个其他对应的部分，我们将其称为“小窗”）和底部折叠起来。

5. 将粘贴片1～8向盐罐里侧折叠，然后再将粘贴片A到G同样向里侧折叠。

6. 将粘贴片2、4、5、7涂上胶水，然后将它们粘在有乔治头像的那个“小窗”下面。

7. 在粘贴片1、3、6、8这一侧，进行与上一步相同的操作。

8. 同理，将粘贴片F和B涂上胶水，然后将它们粘上。同样将C和E涂上胶水并粘好。

9. 最后，将盐罐的底部粘在粘贴片A、D、G上面，盐罐就制作好了。

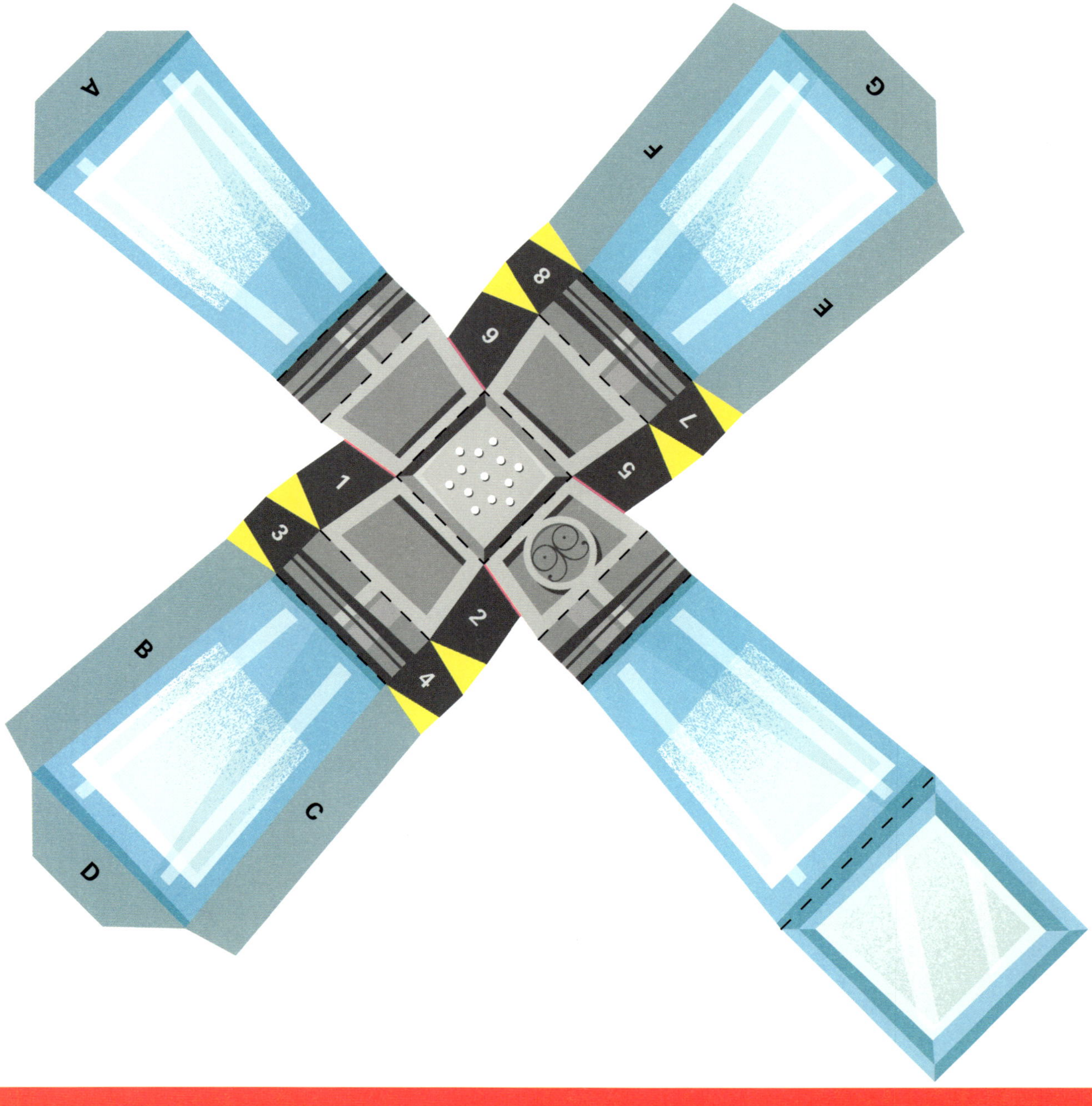

这里还有一些餐卡，在你宴请宾客的时候能够用到哟，剪下来吧！

1. 将卡片剪下来，然后沿着红线，将它们分开。

2. 将宾客的名字写在叉子图标和餐刀图标中间。

3. 沿着灰色的虚线，将卡片折叠起来（要等字迹干了之后再折叠），然后将卡片放在餐桌上！

祝你有个好胃口！

祝你有个好胃口！

祝你有个好胃口！

祝你有个好胃口！

祝你有个好胃口！

祝你有个好胃口！

祝你有个好胃口！

祝你有个好胃口！

祝你有个好胃口!

祝你有个好胃口!

祝你有个好胃口!

祝你有个好胃口!

祝你有个好胃口!

祝你有个好胃口!

祝你有个好胃口!

祝你有个好胃口!

制作胡椒罐！

所需材料：一把剪子、一管胶水。

1. 将胡椒罐的纸模剪下来。

2. 将黄颜色的8个三角形剪掉。

3. 沿着4条粉红色的线剪开。

4. 沿着黑色的虚线将胡椒罐的4个面、以及4个“小窗”和底部折叠起来。

5. 将粘贴片1～8向胡椒罐里侧折叠起来，然后再将A到G的部分也向里侧折叠。

6. 在粘贴片2、4、5、7上面涂上胶水，然后将它们粘在有乔治头的那个“小窗”下面。

7. 在粘贴片1、3、6、8这一侧，进行与上一步骤相同的操作。

8. 同理，在粘贴片F和B上面涂上胶水，然后将它们粘上。同样将C和E涂上胶水并粘好。

9. 最后，将胡椒罐的底部粘在粘贴片A、D、G上面，胡椒罐就制做好了。

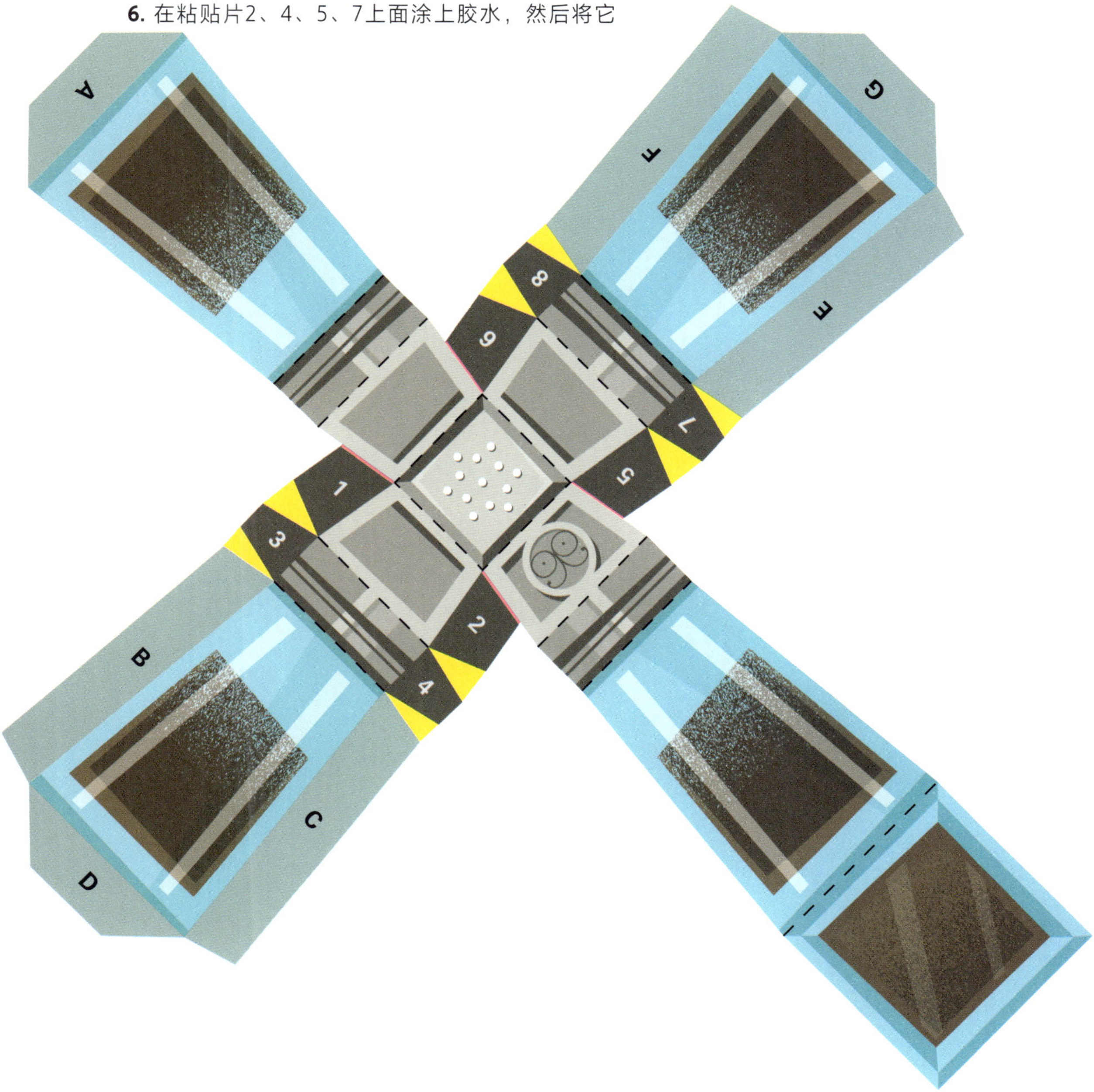

小朋友们，
继续游戏吧！

■ **游戏5** ■

食客

绘图：斯特凡妮 · 拉纳

乔治看到了下面这个广告，是推销叉子的。

A.在左边的图片中，找出两张与右图中细节完全相符的图片。

1. 

2. 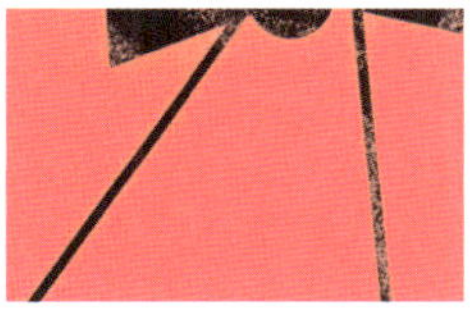

3. 

4. 

5. 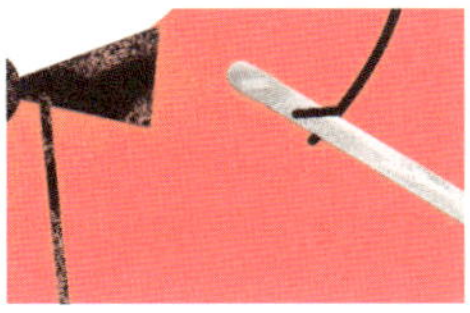

6. 

B.根据下面的描述，给出一个合适的词。

1. 比铁更轻的材料：__________

2. 中美洲国家：__________

3. 妨碍我们睡觉的昆虫：__________

4. 需要身体具备一定的柔韧性才能从事的运动：

____

■ 游戏6 ■

艺术与邋遢鬼

绘图：奥拉拉·卡西布奥提

齐治找到了上面这幅能够代表文艺复兴时期宴会的图片。从那时起法国人在用餐时才开始使用叉子（两个齿的叉子）。

A. 在图中找出9个在那个时代还不存在的物品。

随着叉子的出现，餐桌礼仪开始逐渐形成。

B. 然而，在这幅图中，并不是每个人的行为都符合礼仪，找到图中你认为的不礼貌的行为（共有11处哟）。

C. 用圆圈中给出的数字，帮助乔治完成下面的内容。

3　4　8　11　12　14　34

在这幅图中，有___把叉子、___个动物、___个杯子（其中有___个杯子完全是空的），有___个人（包括画像），其中有___个人长着胡子，有___个面包。

■ 游戏7 ■

拿起筷子

绘图：格诺

几乎全世界的人都使用勺子，但并不是所有的人都使用叉子。某些国家的人用手抓着食物吃饭，而在亚洲，人们用筷子吃饭。

A. 在下页的两幅图中，请找出12处不同。

B. 乔治也观察了这两幅图，他的判断如下：

1. 在年轻女孩的衣服上面有鱼的图案。
2. 这是件全新的衣服。
3. 汤的味道不是很浓。
4. 碗里面有柠檬。
5. 这个场景发生在饭店中。
6. 这个年轻的女孩是第一次品尝这碗面。
7. 这碗面不是为素食主义者准备的。
8. 坐在女孩儿对面的人，和她吃的是同样的东西。

> 将上面这8个句子按照下面的标准进行分类。

a： 哪些句子描述的是我们可以在图中看到的内容：

句子序号：____

b： 通过观察图片，说出哪些句子是乔治想象出来的内容：

句子序号：____

C. 叉子还是筷子？请勾选正确的答案。

1. 在欧洲国家和美国，人们用餐时使用的是：

2. 与“快乐”一词有同音字的餐具：

3. 在中国，这个餐具的一头一般是圆的；而在日本，这个餐具的一头一般是尖的：

4. 有人会用黄金来制作这个餐具：

5. 法国人最开始的时候，只在吃煮熟的梨的时候，才使用这个餐具：

6. 这个餐具可以有2个、3个或者4个齿：

■ 游戏8 ■

周一：吃红薯！

绘图：维奇 · 图尔内

乔治特别喜欢美食，而西蒙娜总对他说好好吃饭很重要。她的意思是说，饮食要均衡，每一类食物不要吃得太多，也不要吃得太少。

A.在下面图片中画白色虚线的位置，写出不同类型食物的名字：

奶制品 · 糖类食品 · 鸡蛋、肉、鱼 · 脂肪类食品 · 水果、蔬菜 · 饮料 · 淀粉类食品

B. 乔治向西蒙娜推荐了4个菜单，但是这些菜单都不适合她……下面是她给出的解释，请将其补充完整。

“___号菜单有些油腻，而且糖分含量也很高！

___号菜单，淀粉含量太高，肉类和奶类食品太多。

如果在___号菜单中，加一个鸡蛋的话，还不错。

___号菜单，营养比较均衡，但是看起来让人没有食欲。”

菜单1

前菜：

土豆沙拉、香肠

主菜：

番茄肉酱意面、奶酪碎、干奶酪

甜点：

牛奶露

菜单2

前菜：

鱿鱼圈

主菜：

烤鸡肉、薯条、酸奶、果酱

甜点：

奶油白菜

菜单3

前菜：

菠菜塔、花椰菜、西蓝花

主菜：

胡萝卜香肠、猕猴桃

甜点：

热山羊奶酪、菠萝

菜单4

前菜：

西红柿沙拉

主菜：

炖菜、米饭、干奶酪

甜点：

苹果酱

杏子酱

C. 比较下面的黑色图标与上一页餐盘中的食物，找出：黑色图标中缺少的上页餐盘中的3种食物，还有比照上页图发生变化的3个黑色图标。

想做一名主厨

文本：樊尚·雅多　绘图：斯特凡妮·拉纳

当乔治推开了里昂（法国城市）最大、最古老的酒店沉重的大门时，他被这里的一切深深地吸引了，尤其是当服务生手里拿着一个奇怪的甜点，从他身边小跑着经过时，他简直被这道甜点给迷住了……他与杰拉尔德·斯特拉加相约见面，他是这家酒店的主厨。

我刚刚看到的那道甜点叫什么名字？

杰拉尔德　那是挪威鸡蛋饼。它的底层是杏仁果酱小蛋糕，上面放了香草冰激凌，最上面浇了一层蛋白。这是本店的一道特色菜。你跟我来厨房，我展示给你看。

厨房占用了两层吗？！

杰拉尔德　这是必须的，因为厨师加上洗碗工，我们团队总共有25人呢。

洗碗工？

杰拉尔德　就是专门负责洗碗的人。服务生报出他刚刚接到的订菜，接下来一切都会高效地往下进行，速度很快。

也许太快了吧，我刚刚看到托盘上放了一份生肉就端过去了……

杰拉尔德　不要担心，那是鞑靼牛排。这道菜是在餐桌上现场烹饪的，我们会在顾客的面前将蛋黄和其他配菜加进去。

你不像电视上演的主厨那样，总是在声嘶力竭地大声喊叫……

杰拉尔德　没有必要喊叫，厨师们又不是听不见！

厨师是你小时候梦想的职业吗？

杰拉尔德　我小的时候对职业并没有什么想法，但是我那时经常帮我妈妈做饭。

成为主厨容易吗？

杰拉尔德　成为主厨就像做一道菜一样，要经历很多步骤。刚开始的时候要做学徒，然后再做厨房里的伙计，之后会成为半主厨……而且还会从一个饭店换到另外一个饭店工作，只为学一道又一道特色菜。

你最喜欢这个职业的哪一点？

杰拉尔德　每天早晨，我会选择好的食材，然后思考怎么制作才能让顾客享受到美食，即使菜品只是简简单单的煎鱼或是一些普通的蔬菜，我们也不会放松。

你肯定没去过快餐店吧？

杰拉尔德　我有时会陪我儿子去。

那么，你儿子喜欢你做的菜吗？

杰拉尔德　喜欢，他能辨别出什么是好东西，而且他经常到厨房来看我做菜。

每次提供服务的时候，你会感到很紧张吗？

杰拉尔德　一般不会，只有几年前有一次，当时政府的所有部长都来我这里吃饭，那次我有点儿紧张。那天饭店没有对公众开放。屋顶上空盘旋着直升机，屋顶上还有狙击手，菜品要有人尝过之后才能上桌，厨房里还有很多嗅探犬。

领先厨师学校！

应季果蔬表

绘图：斯特文尼 · 拉斯内

对于乔治来说，要记住日期可不是一件容易的事……因此他想到了做一个“应季果蔬表”的主意。这个表会让你知道在哪个季节适合吃哪些水果和蔬菜。（下面给出的是在中国常见水果蔬菜的大概应季时间。）

所需材料：

一把剪子、一支圆珠笔、一个记号笔。

制作方法：

- 将下页的图片剪下来。
- 右边的清单列出的是建议食用某些水果和蔬菜的时段。选择20种你喜欢的果蔬。
- 然后将这些食物的名字写在果蔬卡的“超爱榜单”一栏中，然后在对应可食用月份的格子中涂上颜色（或者打钩）。
- 果蔬卡做好后，将它贴在厨房中！

水果

杏子：6月—7月
樱桃：5月—10月
栗子：9月—10月
柠檬：9月—11月
柑橘：10月—次年1月
木瓜：9月—10月
无花果：7月—11月
草莓：5月—8月
覆盆子：5月—9月
醋栗：7月—8月
猕猴桃：8月—10月
橘子：11月—次年1月
香瓜：5月—6月
西洋李：5月—8月
桑葚：4月—6月
蓝莓：7月—9月
油桃：6月—9月
橙子：11月—次年2月
柚子：11月—次年2月
西瓜：7月—9月
桃子：7月—9月
梨：8月—次年2月
苹果：7月—11月
李子：6月—8月
葡萄：8月—10月

蔬菜

洋百合：7月—10月
芦笋：4月—6月；9月—10月
茄子：5月—10月
甜菜：9月—10月
西蓝花：10月—11月
胡萝卜：5月—7月；11月—12月
芹菜：10月—11月
卷心菜：4月—7月；12月—次年2月
白菜：9月—次年3月
菜花：5月—11月
黄瓜：7月—10月
西葫芦：5月—10月
苦菊：6月—10月
山药：9月—12月
菠菜：9月—11月
茴香：6月—10月
四季豆：6月—10月
莴苣：4月—9月
野苣：11月—次年2月
萝卜：10月—次年3月
豌豆：5月—7月
韭菜：9月—次年3月
甜椒：6月—9月
土豆：12月—次年4月
樱桃萝卜：9月—10月
西红柿：6月—9月

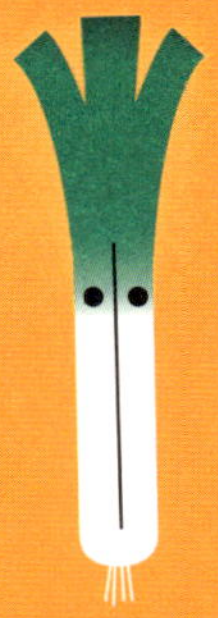

果蔬卡

超爱榜单	1月	2月	3月	4月	5月	6月	7月	8月	9月	10月	11月	12月

查理和巧克力工厂

绘图：斯特凡妮·拉纳

《查理和巧克力工厂》是罗尔德·达尔于1964年写的故事。这本小说在19世纪70年代首次被拍成了电影。后来由蒂姆·伯顿再次翻拍，并于2005年上映。以下是电影中的一幕。

故事：

查理和他的家人很贫穷。他们住在世界上最大的巧克力工厂旁边的一栋小房子里，这个工厂的拥有者叫威利·旺卡，他是个怪异的人。有一天，查理和另外4个孩子赢得了参观这个神秘工厂的机会……

人物：

- **威利·旺卡：**他是一个富有激情、具创造力的糖果制造商，但是他看起来有些奇怪。
- **维奥莱特：**她是赢得参观工厂资格的孩子中的一个。这个小女孩（还有她的妈妈）都喜欢竞争，她嘴里总是嚼着一块口香糖，为的就是能够打破嚼口香糖纪录。
- **迈克和维茄卡：**这二人也赢得了参观资格，但是他们和查理不同，这二人既不友善也不礼貌。
- **孩子们的父母：**每个孩子都由父母双亲中的一方陪伴着。而查理是和他的祖父琼老爹一起来的。

开演了！

威利·旺卡带领来访者参观创作大厅，这里是实验新品糖果的地方。

对话：

威利：你们瞧！（他启动了一台机器，机器一闪一闪的，发出了声响，然后从机器里就出来了一块口香糖。维奥莱特将它接住了。）

迈克：（露出蔑视的神情。）这么一大堆东西就是为了做这个的？！

威利：你知道“这个”是什么吗？

维奥莱特：（嚼着口香糖。）口香糖。

威利：不错！（非常骄傲的样子。）这口香糖非同寻常、无与伦比、独一无二。这是为什么呢？这是为什么呢？！因为这一块口香糖就相当于完整的一餐。

维茄卡的父亲：有什么理由让大家购买这种口香糖呢？

威利：（有些犹豫，他从口袋中掏出备忘录，寻找着合适的数据，然后读了出来。）啊……这样人们就不用再做饭和洗碗了。一小块旺卡口香糖可以满足您早餐、午餐、晚餐的所有需求。（他继续读着下一条数据。）这块口香糖能同时充当西红柿汤、烤牛肉，还有蓝莓塔。

琼老爹：这可真是太了不起了！

维茄卡：这能吃吗？

维奥莱特：这种口香糖很适合我。（她将她吃过的那块口香糖粘在了耳朵后。）

威利：嗯……最好不要这样做，还有一两件事情有点……

维奥莱特：我保持了嚼口香糖世界冠军的纪录，我什么也不害怕！（她把旺卡口香糖放进嘴里，嚼了起来。）

维奥莱特的母亲：这口香糖怎么样，宝贝？

维奥莱特：特别惊人，我觉得我咽下了西红柿汤！

威利：没错，你再把它吐出来。

琼老爹：姑娘，我觉得你最好……

维奥莱特：味道变了！是烤牛肉、烤苹果，外皮是松脆的，还有黄油！

维奥莱特的母亲：宝贝，你好好嚼，我的女儿将成为世界上第一个品尝口香糖大餐的人！

威利：没错，我只是有一点担心那个……

维奥莱特：蓝莓塔还有冰奶油！

威利：……那一部分。

维茄卡：你们看她的鼻子……

维茄卡的父亲：她的鼻子变蓝了！

维奥莱特的母亲：你的鼻子都紫了！

维奥莱特：你在说什么呀？

维奥莱特的母亲：维奥莱特，你变成紫色的了！她怎么了？

威利：我之前已经警告过你们了，这个产品还没有完成……一吃到甜品的时候，总会出现问题，是蓝莓塔的问题。我真的很抱歉。（说着他就离开藏了起来，这时候维奥莱特完全变成了紫色，而且还开始像一颗大蓝莓一样膨胀起来。）

旺卡

夏乐特氏甜点

绘图：斯特凡妮·拉纳

现在到了吃甜点的时候了……吃点长条糕吧！长条糕是做夏乐特氏甜点的原料，乔治特别喜欢这款点心。而且他有个表妹就叫夏乐特，这款点心总能让乔治想到她。夏乐特氏甜点吃起来既清爽又低脂，还很容易制作。它不需要进行烹饪，用很多种水果都可以做。

所需原料：

- 一大罐奶酪（约500克）
- 两盒长条糕
- 两个橙子（或者果汁）
- 新鲜的切成块状的水果（也可以用水果罐头或者冰冻的水果）

所需工具：

- 一个开孔不太大的沙拉盆
- 两个盘子（一个深口盘、一个浅口盘）
- 一个橙类榨汁机

制作过程：

1. 将橙子榨成汁，然后倒进深口盘里。将长条糕浸到橙汁中，直到长条糕浸满橙汁。

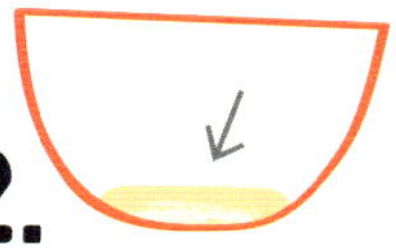

2. 将长条糕铺在沙拉盆底端，将有糖的一面贴在沙拉盆上，然后将长条糕一条一条靠紧。

3. 将另外一些长条糕沿着沙拉盆边缘，竖着放进去。

4. 在沙拉盆底端的长条糕上，放上一层奶酪，然后放一层切成块的水果，再放置一层长条糕。

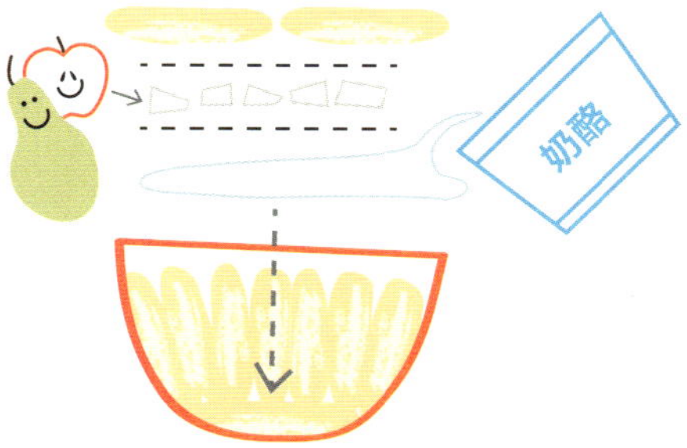

5. 只要沙拉盆中还有空间，就可以重复步骤4（另外，你还可以轮流放进不同种类的水果，比如先放一层苹果，然后再放一层梨），但是要注意一点：最后一层长条糕不能超过沙拉盆的边缘。

6. 用盘子盖在沙拉盆上，然后在上面放置一个重物，比如放一盒一升的牛奶。

7. 将其放进冰箱中，放置两个小时，或者更长时间！

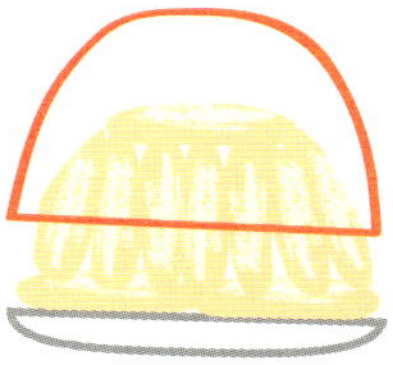

8. 取出沙拉盆，轻轻地拍打沙拉盆的边缘，使夏乐特氏甜点可以轻松地脱离沙拉盆。

+ 夏乐特氏甜点做好了。在品尝的时候，可以在糕点上面加一些小装饰：巧克力、新鲜的水果、果泥……

不要混淆!

夏乐特:

可以是一种塑料帽子，我们因为卫生的原因或是洗澡的时候戴的。

夏乐特:

可以是美国北卡罗来纳州的一个城市的名字。

夏乐特:

可以是乔治制作的美食。

夏乐特:

可以是由水果、长条糕或是蜂蜜面包片做成的一种甜点。

游戏答案

这就是封面和封底的

7个不同之处：

游戏1 我的冰箱、我的勺子柜

A. 莎莎应该选择路线c。

B. 3个不属于在厨房中使用的器皿是：2号铃铛、12号钢笔、15号牙刷。

C. 天平：1；搅拌器：8；电水壶：23；核桃夹：18；平底锅：34；小漏斗：5；瓜果蔬菜挖球器：6；削皮器：24；饼干模具：21；漏斗：31；蔬菜脱水器：7；打蛋器：33；长柄叉：9；磨刀棍：4；长柄大汤勺：13；蔬菜削片器：26；胡椒研磨器：30；开罐器：22；漏锅：17；杵臼：11；裱花袋：27；蒸锅：32；橘类榨汁机：19；擦丝器：14；自动料理机：25；擀面杖：28；烘烤轮刀：10；沙漏：20；刮刀：16；塔吉锅：29；量杯：3。

游戏2 胡萝卜煮好了

A. 选择方案1或4。

B. 正确的答案是b、d和e。

C. 溢出、放宽、摇晃、浸泡。

D. 这个发明家的名字是丹尼斯·帕潘。

游戏5 食客

A. 图片2和图片4与大图中的细节完全相符。

B. 1. 塑料　2. 墨西哥　3. 蚊子　4. 体操

（答案不唯一。）

游戏6 艺术与邋遢鬼

A. 见下图中用黄色圈出的物品，有巧克力、薯条、电锯、可乐、T恤、手机、收音机、棒球帽、土豆汤罐头。

B. 见下图中用红色圈出的是不礼貌的行为。

C. 在这幅图中，有14把叉子、3个动物、12个杯子（其中有4个杯子完全是空的），有34个人（包括画像），其中有11个人长着大胡子，有8个面包。

游戏7 拿起筷子

A. 见右图。

B. a类句子序号：1、4、7。b类句子序号：2、3、5、6、8。

C. 1. 叉子　2. 筷子　3. 筷子　4. 叉子、筷子　5. 叉子　6. 叉子

游戏8 周一：吃红薯！

A. 见右图。

B. 填写的菜单的顺序为：2、1、4、3。

C. 缺少的3种食物：中等大小的鱼、一个苹果和水杯。有变化的3个黑色图标：黄油块、杯装冰激凌和糖果。